神奇生物世界丛书

主　　编　杨雄里
执行主编　顾洁燕

长腿模特

爬行国度大揭秘

岑建强　编著

上海科学普及出版社

《长腿模特——爬行国度大揭秘》

编　　著　岑建强

序 言

你想知道“蜻蜓”是怎么“点水”的吗？“飞蛾”为什么要“扑火”？“噤若寒蝉”又是怎么一回事？

你想一窥包罗万象的动物世界，用你聪明的大脑猜一猜谁是“智多星”？谁又是“蓝精灵”“火龙娃”？

在色彩斑斓的植物世界，谁是“出水芙蓉”？谁又是植物界的“吸血鬼”？树木能长得比摩天大楼还高吗？

你会不会惊讶，为什么恐爪龙的绰号叫“冷面杀手”？为什么镰刀龙的诨名是“魔鬼三指”？为什么三角龙的外号叫“愣头青”？

你会不会好奇，为什么树懒是世界上最懒的动物？为什么家猪爱到处乱拱？小比目鱼的眼睛是如何“搬家”的？

……

如果你想弄明白这些问题的真相，那么就请你翻开这套丛书，踏上神奇的生物之旅，一起去揭开生物世界的种种奥秘。

习近平总书记强调，科技创新、科学普及是实现创新发展的两翼。科普工作是国家基础教育的重要组成部分，是一项意义深远的宏大社会工程。科普读物传播科学知识、科学方法，弘扬渗透于科学内容中的科学思想和科学精神，无疑有助于开发智力，启迪思想。在我看来，以通俗、有趣、生动、幽默的形式，向广大少年儿童普及物种的知识，普及动植物的知识，使他们从小就对千姿百态的生物世界产生浓厚的兴趣，是一件迫切而又重要的事情。

“神奇生物世界丛书”是上海科学普及出版社推出的一套原创科普图书，融科学性、知识性、趣味性于一体。丛书从新的视野和新的角度，辑录了200余种多姿多彩的动植物，在确保科学准确性的前提下，以通俗易懂的语言、妙趣横生的笔触和五彩斑斓的画面，全景式地展现了生物世界的浩渺与奇妙，读来引人入胜。

丛书共由10种图书构成，来自兽类王国、鸟类天地、水族世界、爬行国度、昆虫军团、恐龙帝国和植物天堂的动植物明星逐一闪亮登场。丛书作者巧妙运用了自述的形式，让生物用特写镜头自我描述、自我剖析、自我评说、畅所欲言，充分展现自我。小读者们在阅读过程中不免喜形于色，从而会心地感到，这些动植物物种简直太可爱了，它们以各具特色的外貌和行为赢得了所有人的爱怜，它们值得我们尊重和欣赏。我想，能与五光十色的生物生活在同一片蓝天下、同一块土地上，是人类的荣幸和运气。我们要热爱地球，热爱我们赖以生存的家园，热爱这颗蓝色星球上的青山绿水，以及林林总总的动植物。

丛书关于动植物自述板块、物种档案板块的构思，与科学内容珠联璧合，是独具慧眼、别出心裁的，也是其出彩之处。这套丛书将使小读者们激发起探索自然和保护自然的热情，使他们从小建立起爱科学、学科学和用科学的意识。同时，他们会逐渐懂得，尊重与这些动植物乃至整个生物界的相互关系是人类的职责。

我热情地向全国的小学生、老师和家长们推荐这套丛书。

杨雄里

2017年7月

目 录

箭毒蛙

绰号：彩色“黑老大”

在森林里，我是个不起眼的小不点。按理说，我该低调地躲在小溪边的石头后面，或者荆棘扎堆的灌木丛里过日子。但我偏不，就爱穿着五彩缤纷的外套招摇过市。你可别以为我是自不量力，在这个地盘上，我就是“黑老大”。

我当然是有本钱这么傲气的。实话告诉你吧，我的本钱就在我的彩色皮肤上，那上面的黏液剧毒。谁胆敢吃我，谁就相当于服毒自杀。我的小命无所谓，但那些蛇类、鸟类、鼠类等可都是要命的，所以，它们谁都不敢惹我。

如今我身上的衣服越来越鲜艳，这也是为了告诉那些没眼力的家伙：老大我来了，都闪开吧！

物种档案

箭毒蛙不是一种小蛙，而是由100多种小不点毒蛙组成的大集体。这些蛙的体长通常只有2～5厘米，生活在中南美洲的雨林中。它们身上的颜色花里胡哨，有橙色的，有黄色的，有红色的，有蓝色的，等等，更多的是一道黑色夹着一道彩色，漂亮极了。

成年的箭毒蛙虽然不怕对手吃，但它们的孩子可就不行了。所以，箭毒蛙妈妈在产下蛙卵后，会非常辛苦地把它们一个一个地背在身上，爬上凤梨科植物高高的树干，再把这些卵一个一个分别放在大叶片中的“池塘”内。等到蛙卵孵化成小蝌蚪后，箭毒蛙妈妈每过几天还会过来照顾它们，并产下未受精的卵作为小蝌蚪的食物，直到蝌蚪变成小蛙。

以前，森林里的原住民是靠打猎为生的。他们小心地抓来这些小不点后，把它们放在火上烤。受不了火烤的小蛙急得不断分泌身上的黏液，猎人趁机把箭头放在黏液上摩擦，一支支毒箭就这样做成了。箭毒蛙的名字也由此而来。

大树蛙

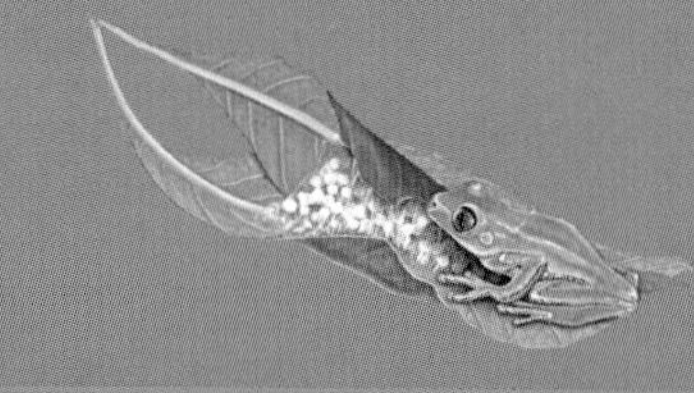

绰号：隐身者

我是一个隐身者。和森林里的大多数隐士不同，我既没有躲在树洞里，也没有藏身石缝中，而是大大方方地贴在树干上，但你就是看不见我。其实，并不是只有你，我的天敌——森林里的各种蛇，也是无动于衷地从我身旁游过去的。

大家之所以把我当空气，首先是因为我穿着“隐身衣”，我身体背面的绿色与树干上长时间积累的苔藓颜色几乎是一致的；其次是我的身体是扁平的，看上去并不突出；再次是我把这个扁平的身体贴在树干上，而不是鸟来蛇往的树枝之间，谁也没注意到我。

要问我如何能一动不动地贴在树干上，那就请看看我的脚趾底部吧，那上面可都是吸盘哦。

物种档案

树蛙在全世界共有200多种，我们的这位主角大树蛙，则是中国特有的一种，它的体长有80～110毫米，在树蛙中算是大个子了。树蛙喜欢呆在树上，生活在温暖潮湿的森林中。

蛙作为两栖动物，产卵必须回到水中，因为卵和蝌蚪的发育都需要在水中进行。可是树蛙偏偏剑走偏锋，它自己喜欢盘桓在树上，产卵也不肯下水。那么，它是如何传宗接代的呢？在繁殖季节到来时，树蛙夫妻首先找到一棵池塘边的树，然后拥抱着爬到一根伸向水塘的树枝上，并找到一片大树叶。随后，雌蛙会排出一些黏液，再用后肢搅拌出一个大泡泡，然后就开始往泡泡中产卵。雄蛙也配合默契，及时排出精液，让卵受精。这些工作完成后，雌蛙会再小心地把这片大树叶卷起来，蛙卵就在这个黏液泡泡里慢慢孵化。现在你肯定明白了，比起池塘里的蛙卵来说，这些树蛙的孩子不必担心被馋嘴的家伙吃掉，安全性高多了。

终于，蛙卵变成小蝌蚪了。小蝌蚪扭一扭身子，一下子就掉进了池塘。

红眼树蛙

绰号：长腿模特

自然界里有很多身材一流的模特，但和我相比，它们都得甘拜下风，因为在模特界中我的大长腿独树一帜。虽然大家叫我红眼树蛙，但这是个天大的误会，其实我是个如假包换的雨蛙。

虽然我有一双特别醒目的红眼，但你也别忽视了我身体上的其他靓丽色彩：我的背部是绿色的，我的身体两侧和大腿内侧是蓝色的，我的脚趾是橙色的，你说，我是不是一个彩色雨蛙呢？

物种档案

雨蛙是一类个子小小的蛙，体长通常在3～4厘米。红眼树蛙是雨蛙中的大家伙，它的体长通常在5～7厘米。白天，雨蛙常常躲在树根边上的洞穴中休息，到了晚上，这些小家伙就会利用脚趾上的吸盘，爬到树枝或者树叶上，静静地等待在夜色中出行的小昆虫们。不管是金龟子还是臭椿象，只要是活的，它都来者不拒。

大名鼎鼎的红眼树蛙生活在中南美洲的雨林里，我们当然很难有机会见到。不过，我们身边也有不少雨蛙，可以让你一饱眼福，中国特有的无斑雨蛙就是其中的一位。这个可爱的小胖蛙就生活在田间、溪边的石头缝里，晚上常常贴在树叶上唱歌呢！

说到唱歌，你一定看见过黑斑蛙（就是我们常说的青蛙）鼓起头部两边的鼓膜，呱呱呱地叫个不停吧。雨蛙和黑斑蛙相比虽然是个小个子，但欢唱起来一点也不含糊。最难能可贵的是，黑斑蛙有左右两个“大喇叭”，而雨蛙只有咽下一个“喇叭”。如果你有机会在夏天听听它们的大合唱，可以发现雨蛙丝毫不落下风呢！

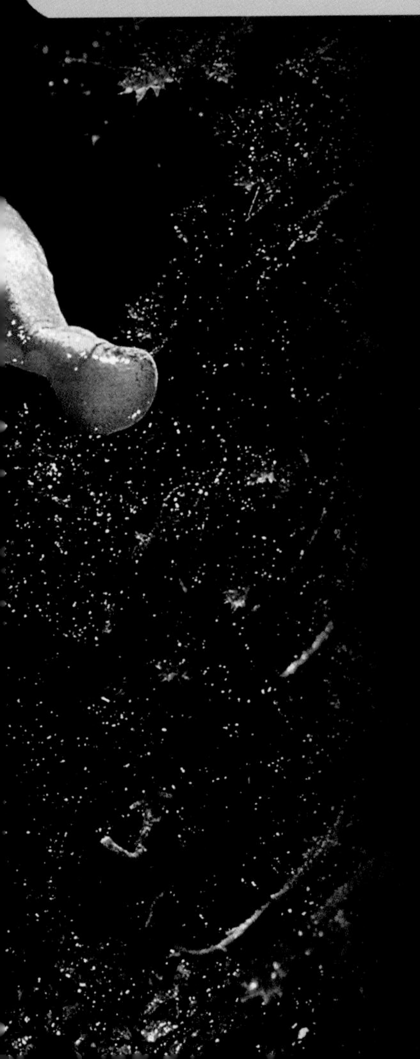

晚上趴在树枝上的时候，我会收起四肢，藏起大眼睛，不显山不露水。假如遇到一个厉害的对手，我就突然亮出红眼睛、展开身体的色彩。只要对方一愣，我就大长腿一蹬，溜啦！

雨蛙

黑斑蛙

大鲵

绰号：娃娃鱼

我和青蛙是亲戚。与青蛙不同的是，我基本不上岸，就像一条鱼一样常年待在水里。我还有一副不太出色的嗓子，发出来的声音如同婴儿在哭，所以大家就叫我娃娃鱼。

我这个娃娃白天安静地躲在水中的洞穴内，晚上则出门找吃的。别看我平时慢腾腾的，似乎谁也抓不住。其实，无论是硬汉蟹和虾，还是滑头鱼和蛙，都别想轻松地从我嘴边溜走。

物种档案

大鲵是两栖动物中最娇贵的种类了，一共有中国大鲵和日本大鲵两种。它们的个子差不多，成体体长一般在0.5米以上，个别巨大的可以超过1米。大鲵的寿命可以达到50年以上，2017年，有人甚至在重庆的溶洞内发现了一条估计有200多岁的野生大鲵，也算是一个奇迹了。

和大多数动物的母爱天性不同，大鲵母亲对自己的孩子严重缺乏关爱，甚至会加害它们，这是很匪夷所思的。

当繁殖季节到来时，雌雄大鲵会找一个洞穴或者一个水流平缓的浅滩。夜幕降临后，雌性大鲵产下数百粒卵后随即离开。离奇的是，雌性如果赖在产卵的地方不走，会被恼怒的雄性驱赶。这是为什么呢？原来，这个懒惰的母亲会忘了这是自己的孩子，肚子饿起来就把它们吃掉。所以，父亲坚决不允许这样不称职的母亲在场。显然，护卵的工作就由父亲来完成了。大鲵爸爸就在几百粒卵边不离不弃，驱赶敌害，直到几十天后，孵化出来的小娃娃鱼能够独立生活了，父亲才放心地离开。

甚至是长翅膀的水鸟，一不小心也会被我一口吞掉。要是你有机会亲眼看我捕食，你就不会叫我娃娃鱼了，你会叫我霹雳娇蛙，因为我捕食的时候，绝对是一个可以翻江倒海的勇士。

东方蝾螈

绰号：火龙娃

我是靠着干爹干娘出名的，因为别人看见我就说：看，小娃娃鱼。多漂亮啊！特别是我那亮红色的腹部非常耀眼，但我根本不是娃娃鱼家族的成员，我的名字叫东方蝾螈。跟娃娃鱼相比，我这个官名有气质多了。不过，我还得感谢娃娃鱼，毕竟，别人是因为它，才有机会认识我，所以，我自觉地认了娃娃鱼这个干亲。

我和娃娃鱼都是两栖动物中的有尾目动物，亲戚关系还挺近的。不过娃娃鱼都是大个子，1米多根本不稀奇，而我们蝾螈家都是小个子，10厘米的体长就是大家伙了。我这个火龙娃再怎么长，也无法变成真正的娃娃鱼。

物种档案

春夏季节的时候，东方蝾螈经常会出现在花鸟市场的摊位上，买卖双方都是把它当作“小娃娃鱼”来交易的。东方蝾螈的数量确实不少，它是广泛生活在山涧、田野、池塘和河流中的一种两栖动物，成体体长一般在6～8厘米。从外表粗粗一看，东方蝾螈黑不溜秋的，确实像一个迷你版的娃娃鱼。但它翻过身来时，你便会惊叹一下，因为它腹部那镶着黑斑的火红色格外光彩夺目。

蝾螈一家的所有种类对于水环境都有着很高的要求。因此，假如你有机会饲养东方蝾螈，必须给它们提供一个较好的生态环境。缓缓的流水、青青的水草，一片沙砾地、几条自在鱼，或许，你还能观察到它们的求偶、产卵和孵化呢。

不过，你可千万别把这些色彩斑斓的蝾螈拿在手中玩耍，特别是如果你的手上还有伤口，那就可能带来危险，因为这些蝾螈的皮下会生成剧毒的河豚毒素。当蝾螈感觉到你有可能伤害它时，它就会在皮肤上分泌出剧毒。在自然界，它也是靠这一招来吓退攻击者的。

大壁虎

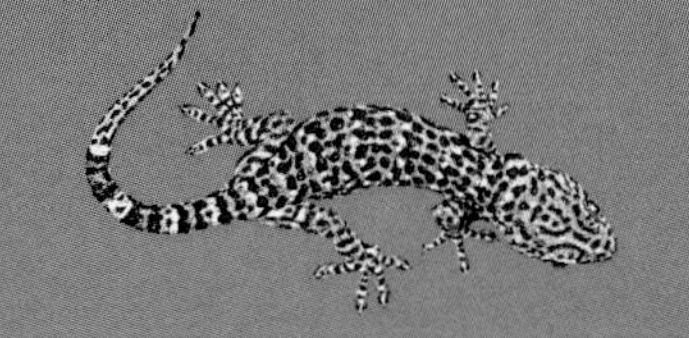

绰号：爬山虎

提到飞檐走壁，你是不是非常向往拥有这种神功呢？武林小说中的绝世高手，你应该没亲眼见过；武侠电影中的绝世高手，那都是现代科技做出来的。不过，我就是那个真真切切的武林高手。

我不但能贴着直直的墙壁往上爬，也能倒着在天花板上溜达，还能斜着穿过凹凸不平的树干。反正，无论在什么地方，我都掉不下来。至于原因嘛，翻开我的脚底给你看吧，秘密全在那里。

我的每个脚趾下面都有一排排突起的垫子，垫子上是密密麻麻的刚毛，成千上万的刚毛卷起来，就像成千上万只小钩子，可以拉住任何东西。所以，哪怕是在玻璃上爬，我也轻松自如。

物种档案

大壁虎是壁虎这个大家族中个子最大的种类，它的体长在30厘米以上，有一个三角形大头，青灰色的身体上常常有橘色的斑点，让它看上去很好认。我们家中常能见到的灰色的、扁扁的小家伙叫多疣壁虎，只有10厘米左右的体长，是一个迷你型的壁虎。

大壁虎虽然也会在有人居住的小区和房屋内外活动，但它更喜欢的环境是山区、林间和荒野，可以呆在不受打扰的石缝、树洞等隐秘场所。晚上，当天色渐黑、夜行昆虫纷纷出动的时候，就是大壁虎最活跃的时候。

它并不会着急慌忙地在岩石和树枝间跑来爬去，而只是蹲点似的趴在某个地方。它尽力睁大自己的瞳孔，悄无声息地伸出那分叉的舌头四下摇摆。当它用特别的夜视眼和特殊的嗅觉器探明不远处的某个虫子后，就会施展出另一个独门暗器——翻卷舌头。

霎那间，一团舌头翻滚着从壁虎的嘴巴里飞出去，“啪”的一声粘住那个愣神的小虫儿，又迅速弹回来缩进嘴里。不用惭愧你没有看清楚，就是那只被它吞进去的虫子，也会感到莫名其妙呢。

科莫多龙

绰号：恐怖杀手

我是一个全身武装的杀手。我有利爪，可以把小鹿撕成碎片；我有尖牙，可以紧紧咬住想摆脱我的野猪；我有粗尾，可以横扫山羊；我有毒腺，可以杀死野牛。你没看错，我就是这么一个敢于挑战所有对手的冷面杀手。

我之所以这么勇猛，也是因为我是个大个子。我有2.5米的体长，有50千克以上的体重，我本就是蜥蜴王国里的大王。不过，我这个大王其实很懒，我根本不会像狮子或者猎豹那样攻击对手，我只是找到机会才下手。找不到机会怎么办呢？只能找点腐败的食物充饥了。对的，就是烂肉。或者是死掉的动物，或者是其他动物吃剩下的。我这么说了，你可别看不起我哦！

物种档案

科莫多龙也叫科莫多巨蜥，是世界上现存最大的蜥蜴种类，只生活在印度尼西亚的群岛上。群岛上有个大岛，因为生活着不少科莫多龙，就被命名为科莫多岛了。

科莫多龙虽然巨大，却如何能打败体重数倍于它的野牛呢？原来，科莫多龙也不是一味蛮干，它只是在和野牛的周旋中，想办法咬破对方的皮肤，把毒液注进去。等到成功地给野牛打完“毒针”，科莫多龙就不再和对方纠缠，而是在离野牛不远的地方溜达，不时地伸出它那雷达一般的舌头，打探周边的情况。也许十几个小时，也许一两天，科莫多龙就会闻到野牛死亡传来的气味，它就可以大快朵颐啦！当然，其他科莫多龙也会闻到腐尸的味道，一场抢夺烂肉的战斗在所难免。

中国也有巨蜥，它的体长有2米，体重20～30千克，虽然无法跟科莫多龙相比，但也是个大家伙了。最不同的是，中国的巨蜥看不起腐尸烂肉，它喜欢抓新鲜的动物吃，不管是水里的鱼、蛙，还是树上的鸟、蛇，都是它的菜。

蓝尾石龙子

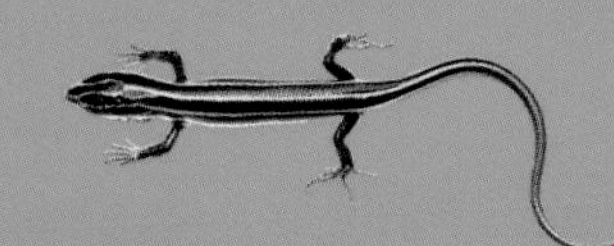

绰号：蓝精灵

第一次看到我的人，都会喜欢得想自己养一条。也难怪，谁让我有一条如此耀眼的蓝尾巴呢！不仅如此，我那圆柱形的身体上从头到尾还有5条金色的条纹，在阳光下闪亮夺目。我就是灵巧、朝气、靓丽的代名词。

不过，在你正式喜欢上我之前，我得把真相告诉你。首先，在石龙子家族中，像我一样有蓝尾巴的有好多个种，初看是很难分辨的；其次，我的蓝色尾巴只是上天给我的童年礼物，等到成年后它的色彩就变得和体色一样了；最后，我还得说，我只是占了名字的光，有一位比我更名副其实的小伙伴——四线石龙子，尾巴是终生蓝色的呢！

四线石龙子

物种档案

石龙子是有上千种小伙伴的大集体，它们都有圆柱形的身体，长着四只脚和一条长尾巴。个子小的如蓝尾石龙子，身长只有10厘米；个子大的如蓝舌石龙子，身长有60厘米，一般的就在20厘米左右。

石龙子是爬行动物蜥蜴目中的成员，通常栖息在温带和热带的山野草丛中，伺机捕捉各种小虫吃。由于它们身体细、个子小，又善于隐蔽，一般不会被发现。即使被发现了，人或者其他动物也很难抓住它们，因为它们还有另一门绝技——自截尾巴。

当石龙子被厉害的对手，比如一条蛇攻击时，它会先闪转腾挪，使出浑身解数逃跑。如果这些功夫不管用，难以甩开身后的强敌，它就会果断地切下自己的尾巴。刚断落的尾巴会不停地扭动，后面追击的蛇哪里知道这只是石龙子的替身，还是迫不及待地跟这条小尾巴搏斗了好一会儿，等到它抓住尾巴才知道上当，而这时，石龙子已经成功脱困了。

尾巴没有了可怎么办呢？别担心，几个星期后，石龙子就会有一条新尾巴的。

海鬣蜥

绰号：小恐龙

你向往“面朝大海，春暖花开”的生活吗？你想看最纯粹的日出日落，最动人的星空月夜吗？来跟我一起过日子吧！我的家就在风光无限的海岛上，我和我的小伙伴们，每天就在礁石上听潮涨潮落，看朝日晚霞，时不时还会泡上一个海水澡。

可以和风光媲美的是我的长相，我就像一只威严的小恐龙，背上还竖立着一长排棘，犹如穿着一件带刺的披风。我的生活简单、快乐，因为我每天只做三件事：睡觉、吃饭、晒太阳。

当清晨的第一缕阳光把我吵醒后，我就急不可耐地拖着自己僵硬的身体爬向高高的岩石。吹过一晚上的海风，才知道太阳就是我的亲人，谁叫我们是爬行动物呢！

物种档案

海鬣蜥是世界上唯一能适应海洋生活的鬣蜥，它的体长在0.6～0.7米，体重在0.5～1.5千克，栖息在西太平洋远离大陆的科隆群岛的几个海岛上，过着与世无争的生活。

虽然是爬行动物，但海鬣蜥却和鱼一样，能在海水里自由自在地游弋。这个看上去凶神恶煞像小霸王龙的家伙并不是肉食性的动物，而是一个地道的素食者。它既不会去海里抓鱼蟹吃，也不会袭击过路的飞鸟，而是安静地潜入水下10多米深处，就为了吃海床上的海藻。

海水当然是很冷的，而且海鬣蜥也是用肺呼吸的，所以它潜水吃一会儿海藻后，就要赶快浮上水面喘几口粗气，再爬到岩石上休息、晒太阳，等身子热了再下去。否则，它就会在水里僵住，小命就难保了。

海里还有其他危险存在，让海鬣蜥不敢掉以轻心，比如鲨鱼。好在海鬣蜥也有绝世武功——如果不能及时撤回礁石，它能让自己的心跳暂时停止，使敏感的敌手无法探测到它。如果警报无法解除，它甚至可以让心跳停止几十分钟。

避役

绰号：变色龙

我就是一只绚丽多彩的小甲龙，我不但有形象，还有色彩。大家可能不熟悉我的真名——避役，但要说到变色龙，那真是无人不知、无人不晓。对的，变色龙就是我。

不要问我的身体是什么颜色的，因为它可以根据我的需要改变。如果我要躲避厉害的对手，或者准备开吃午餐啥的，我就把体色变成周围环境的颜色，让它们看不见我；如果我发现有同类闯进我的领地了，我就把体色变成红色，警告它别烦我；如果我的心情比较平静，我就把体色变成蓝色或绿色；如果我比较兴奋，我就把体色变成黄色或橙色。

物种档案

变色龙是一个由近百个种类组成的大家庭，大多数栖息在印度洋西部靠近非洲的一个海岛上。那个海岛名叫马达加斯加，岛上除了变色龙之外，还有不少稀奇古怪的动物，比如喜欢把长尾巴翘起来的大眼睛狐猴。

不同的变色龙大小差异也不小，大的有60厘米以上，小的只有3厘米不到，一般都在15~25厘米。它们是生活在树上的，所以四肢都是前后两组的组合，以方便握住树枝；同时都有一根长而卷曲的尾巴，也是为了能够卷住树枝。

虽然变色龙最有名的特点是变化身体的颜色，但其实它最厉害的本事来自眼睛。变色龙的两只眼睛分别长在头的两侧，它们不但能上下左右灵活地转来转去，而且两只眼睛是各行其是的。也就是说，左边那只眼睛在盯住一只蜻蜓的时候，右边那只眼睛可以追踪另一只螳螂。甚至一只眼睛看前面，另一只眼睛看后面也是完全可以的。好像没听说过其他动物有这种奇特的本领，我们人就更不可能了。不信，你可以试试。

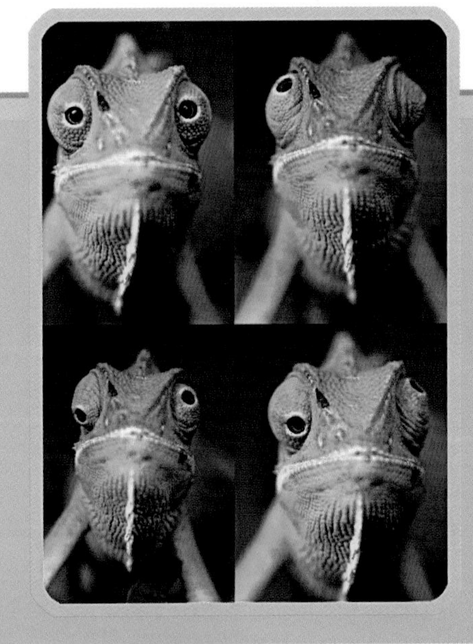

你想知道我对你有什么看法？看我的体色吧！

三线闭壳龟

绰号：金钱龟

以前我也不知道别人为什么一定要叫我金钱龟，因为就算是一个普通乌龟，小时候也有金钱龟的别名。现在我总算明白了，只有我才是名副其实的，因为你必须拿出数万乃至十数万元，才能得到一个真实的我。是的，我就是那么贵重。

从外形看，我是一个相当普通的乌龟，但你仔细观察后，会发现我是可以完完整整地把头和尾巴藏到乌龟壳里面去的，而不只是一个会缩头的乌龟。

物种档案

闭壳龟是中国特有的一个乌龟小组，有好几个不同的种。之所以说不清到底有多少个种，是因为有些新种冒出来后，并没有个体持续出现，不禁让人怀疑那些所谓的新种是不是人工做出来的杂种。不过，有一个闭壳龟绝对是一个真正的宝贝，它在消失了几十年后被人们重新找到，那就是云南闭壳龟。

顾名思义，闭壳龟是那些能够把自己关闭在壳里的乌龟。这些乌龟腹甲有横向的韧带，可以前后分别向上关闭。此外，它们的背甲和腹甲两边也是有“铰链”连接起来的。据说，有时候那些讨厌的蛇会去惹它的麻烦，不料被闭壳龟施展关门绝技，头就卡在里面出不来了，因此闭壳龟还有个别名叫克蛇龟。

成体闭壳龟的体重一般在0.5千克左右，有些种大一点，如安布闭壳龟；有些种小一点，如云南闭壳龟。无论是哪一种，都喜欢栖息在高水质、无干扰的山溪边，捕食鱼、虾、螺、蛙等小动物。每年，大多数闭壳龟都要在气温下降时进入冬眠，睡上近半年才醒来，南方因为相对暖和，冬眠的时间会短一些。

那是因为我的腹甲，也就是腹部的那块骨板，中间是用韧带连接起来的，它们前后分别向上一关，我的头和尾巴就能藏起来了，所以，我才能有闭壳龟这个正式的官名。而我的背甲上有三条黑线，让我的正式名字变成了三线闭壳龟。

安布闭壳龟

鳄 龟

绰号：远古凶神

如果要在现生动物中找一个最像恐龙的，不同的人会有不同的看法。有人认为鳄鱼当仁不让，有人认为非变色龙莫属，其实，那都是因为大家没见过我。我是鳄龟，一个你以为来自侏罗纪的家伙，一个看着凶神恶煞般的寿星，一个模样既像鳄鱼又像甲龙的乌龟。

我是淡水龟中的巨人，背甲有棱，周边有齿，嘴巴如钩，尾巴如鞭，怎么看都是一个凶巴巴的恶棍。其实，我只是看着霸气，内心还是柔软的。我胆子小，在水里并不会和其他同伴大打出手，平时也就吃点小鱼小虾，甚至腐肉和植物也能对付着过日子。当然，一旦我受到了惊吓，后果还是挺严重的。所以，千万别把你的手送到我嘴边，因为我一口咬下去，手指被咬断是免不了的。

物种档案

鳄龟有两种，一种是大鳄龟，成体体重在50千克左右，相当于一个大人，个别的达到100千克以上，那就是一个胖子了；另一种是小鳄龟，成体体重在20千克左右，和一般的乌龟比，那也是大家伙了。鳄龟的原产地都在美国的江河湖泊，由于它的外表非常霸气，不少人就拿来当宠物养，甚至飘洋过海来到了中国。

奇怪的是，大鳄龟不像小鳄龟那么凶。小鳄龟发现猎物后，会主动冲过去，甚至追着对方游。而大鳄龟懒散得很，它并不喜欢主动去找吃的，而是变成了一个像鮟鱇一样的“渔翁”。只不过鮟鱇是靠晃动背上的鳍条来吸引小鱼儿，而大鳄龟是靠酷似蚯蚓的“舌头”来引诱小鱼上钩的。

仔细观察大鳄龟的舌头可以发现，上面有一个分叉的红色肉突，样子就像蠕虫，而蠕虫就是小鱼儿的食物。伏在水中的鳄龟就这么张开嘴，晃动嘴巴中的“蠕虫”。当不明真相的鱼儿游到嘴巴里后，鳄龟就立即关门吃饭。当然，自然界中谁也不是傻子，所以，主动出击的小鳄龟还是长得更快一些。国内大部分人养的就是小鳄龟。

平胸龟

绰号：鹰嘴龟

如果以前有网络，那么我多半能经常上热搜榜，因为每次有人在池塘里或者市场上发现我，总是先惊讶不已，随后就拍张照片到处炫耀，说看到了一个怪物。我长得那么吓人吗？不错，我有一张鹰钩嘴，所以我有鹰嘴龟的别名；我有一个超级大头，所以我有大头龟的别称；我还有一根被称为龙尾的漂亮的尾巴，但这些不值得你们大惊小怪啊！

归根到底，你们还是少见多怪。我当然不是一个随便露面的乌龟啦，你在田间、池塘可以发现橄榄色的普通乌龟，可以发现淡黄色的黄喉拟水龟，甚至可以发现亮红色的黄缘盒龟，但你只有来到泉水清清的山涧，才可能发现我的踪迹。我就是那么不随大流。我是平胸龟，一个身体扁扁、外貌怪异的山龟。

物种档案

在乌龟这个大家庭中，有若干个根据动物的长相和习性组成的小家庭，称为科。每个小家庭中会有若干个成员，比如闭壳龟科中就有三线闭壳龟、云南闭壳龟等。而我们的这位平胸龟，因为长相过于特殊，跟谁都不沾边，不得不自己独立组成一个单身小家庭。

成年平胸龟的背甲长12～18厘米，呈长椭圆形，相当扁平。它有一个奇怪的大头，还有一条穿山甲般的尾巴。一般人很难见到它，因为平胸龟生活在水流湍急的山涧中，吃的是水里的螺、贝、鱼、虾等。

虽然外观有点不合群，但平胸龟的普遍特征跟其他乌龟还是相似的，比如冬眠。我们都知道乌龟是要冬眠的，因为它是冷血动物。冬天到来的时候，冷血动物的体温会随着天气变冷而下降。如果气温到了0摄氏度以下，血液也会结冰的。为了不让自己在冬天死翘翘，各种乌龟都必须在秋天拼命地吃，把自己吃成肥头大耳。然后，它就会在泥土下挖一个洞躲起来，或者直接躲到几十厘米深的水下去。即便如此，等到来年春天醒来时，还是骨瘦如柴。

象 龟

绰号：寿星公

我有一双粗壮的腿，看着就像象腿，所以我的名字就叫象龟。有了这双粗腿，我就跟乌龟大家庭中的兄弟姐妹们不一样了，因为我不是爬行，而是走路了。当然，走路必定是在陆地上的，所以，我们象龟都是陆龟，是旱鸭子。

我们都是大个子，老大是加拉帕戈斯象龟，雄性成体有两三百千克的体重，比一个超级大胖子还厉害。这么胖的我们，当然就跑不快了，1小时只能走两三百米。

物种档案

象龟是陆龟中个子最大的一个小组，共有10来个种，它们的家在太平洋和印度洋周边的海岛上。比如加拉帕戈斯象龟就生活在紧邻厄瓜多尔的加拉帕戈斯岛上。

海岛上白天和夜间的温差变化非常大，经过一晚上的冷风洗礼，第二天早上醒来的象龟就像经过了一次冬眠一样，反应奇慢。因此，它焦急地等待着太阳升起，然后就懒洋洋地开始晒太阳，为身体补充热量，这一晒就是一两个小时。等到身体暖和起来后，象龟才能慢悠悠地外出找吃的。象龟走得慢，海岛上素食也不容易找，因此，象龟在进食这件事上一天得耗上八九个小时。不过，它有的是时间。

海岛上的另一个难处是没淡水，那陆龟怎么办呢？平时它靠吃植物补充水分，比如肉嘟嘟的仙人掌。但是，通过这种渠道得到的水毕竟很有限。所以，在下雨的时候，象龟会找到那些大水坑，咕嘟咕嘟喝下好多水，然后把这些水藏在膀胱内。这样，哪怕好几个月不下雨，它也不会渴得太难受了。

不过，我们这些懒散的大胖子都是长寿大王，可以轻松活到100岁以上，200岁也是家常便饭，所以大家就称呼我们寿星公啦！

我喜欢吃素，仙人掌、青草、嫩叶、水果都是我的主菜。事实上，陆龟基本都是吃素的，当然，偶尔来点小肉我也是不反对的哦。

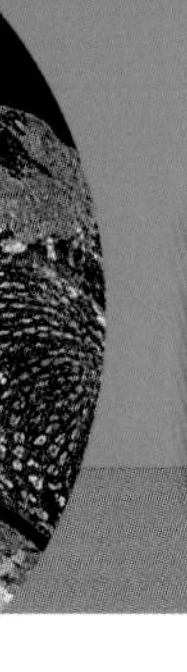

棱皮龟

绰号：游泳健将

我是世界上最大的海龟，平均体重有上百千克，最重的有800多千克。我还是爬行动物中最有耐力的游泳健将，一连几十天不上岸也没事，因为我有桨状的四肢，划水利索得很。我就是棱皮龟，之所以有这么个名字，是因为我的背上有7道明显的棱，一眼看上去就与众不同。并且，这7道棱在漆黑的夜里能隐隐发光，让我更有了一层神秘感。

我虽然是爬行动物，但我不冬眠。原因嘛你也知道，就因为我是海洋里的游泳健将呀！哪里有吃的我游向哪里，哪里温暖我游向哪里。我还自带了一套保持身体体温的系统。因此，大洋大海任我游，鱼虾、乌贼、水母任我吃。有这么好的日子，我还冬眠干吗？

物种档案

棱皮龟是在大洋中生活的一种海龟，除它之外，蠵龟、玳瑁、海龟、丽龟等也在海洋中生活，只是由于棱皮龟长相特殊，因此它自成一个棱皮龟科的单身小组，其他海龟则组成一个叫作海龟科的小组。

也许你会纳闷，这些海龟常年在海洋里漂泊，它们怎么产卵生蛋呢？别担心，到了繁殖季节，海龟妈妈们会集体游到一个宽阔的海滩上。它们半夜上岸，在沙滩上挖出一个深坑后，就往坑里产下上百个卵。海龟的卵圆圆的，像一个个乒乓球。产完后，海龟妈妈会用后肢细心地扒拉沙土，把这个坑盖住。

大约两个月后，小海龟孵化出来了。只见海滩上一夜之间出现了千万个小海龟。它们知道自己弱小，一爬出沙坑就拼命地游向大海。不过，哪能这么容易呢？地上的蛇、天上的鹰，数不清的动物们在等着这顿大餐呢。所以，有一部分小海龟刚出生就丢了小命，更大的部分也会夭折在成长过程中，大约只有1%不到的龟能活到成年。想想也是，如果几百万个海龟都活着，海里的鱼虾大概也不够它们吃了吧。

蟒蛇

绰号：绞杀者

我虽然没毒，但说老实话你还是得跑，如果被我缠上了，你就麻烦了。

平时我就把自己的身体挂在树上，任凭兔子、松鼠、小鹿、野猪从身边溜过。不过，千万别把我不当回事。只要我突然窜出来，那么这些家伙就别想跑了。

我会用自己圆柱子般的身体紧紧地缠绕住对手，哪怕它是个长着獠牙的野猪。在对手的心脏处，我不断地用力、夹紧，很快就能让它的心脏供血系统停止运转。没有了新鲜血液的输送，它还能怎么折腾？就乖乖地让我吃掉吧。

放心，我吃起来并不会像野狼和猎豹那样，把它撕扯得血淋淋的。我很有君子风范，会把对方整个儿吞下去，慢慢消化。

物种档案

说到蟒蛇，很多人会想到原始森林，眼前仿佛浮现一条水桶般粗的大蛇盘桓在树上，正准备向哪个倒霉蛋发起攻击。是的，蟒蛇是一类栖息在热带和亚热带地区的大型无毒蛇，有几十个种类，包括绞杀力最强的网纹蟒、战斗力最强的森蚺、性情最温和的缅甸蟒等。它们的身长从数米到10多米不等，体重从几十千克到100多千克不等，个别的甚至可达到三四百千克。这个级别的大蛇，配上绝对难缠的身手，当然是所有对手的噩梦。

蟒蛇作为无毒蛇，身上不具备眼镜蛇和五步蛇的致命毒液，因此，它们练就了另一种功夫——绞杀。这种功夫是用自己的身体缠绕对手后，展开贴身肉搏，仿佛两个人在掰手腕。只不过蟒蛇的这种战斗方法是搏命——把对手紧紧勒死，然后把猎物囫囵吞下。由于猎捕并不容易，因此，蟒蛇在猎杀一个大家伙后，会想尽办法吃下去，即使这个家伙比它本身都大。好在蛇的嘴巴有特殊构造，可以让它张开到130度的大角度，因此，吞下大家伙是可以做到的。有句成语“人心不足蛇吞象”，说的就是这个事实。

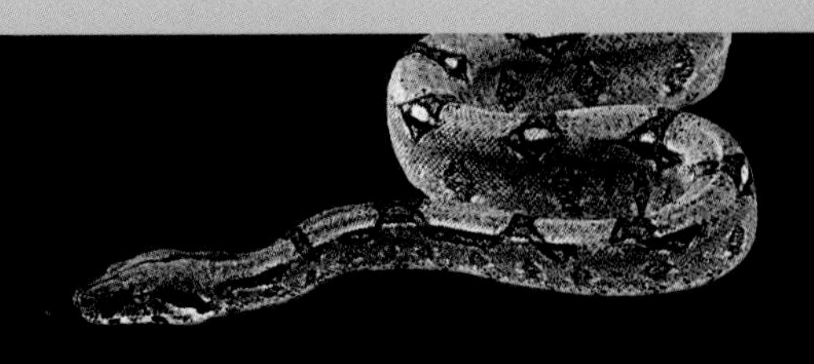

眼镜蛇

绰号：假书生

别这么叫我好吗？我可从来没说过我是读过书的。事实上，那只是我的颈部两侧皮肤上的花纹而已。对，就两个貌似眼镜的圈。这两个圈你平时是看不见的，一旦受到了威胁，我就会竖起我的上身，鼓起我的颈部两侧，眼镜就露出来了。我这不是要一鼓作气嘛。

不过，这副眼镜只是假象，我的厉害之处在于蛇毒。我的猎物，包括你，可别被我咬到。我咬住猎物的一刹那，毒液就通过毒牙注入了对方身体。我不会跟猎物们缠斗，它们总是要垂死挣扎的。我咬一口就跑，然后静静地等待对方死亡，再慢慢地享受猎物的美味。

你别以为我有多凶残，我们毒蛇大多是这样进食的，金环蛇、银环蛇也是。

物种档案

眼镜蛇是一个有着20多个种的小组，成体体长在1.5~2.5米之间，主要栖息在亚洲和非洲的热带地区，平原、雨林、灌木、丘陵和沙漠都是它们的家。小组成员的外观特征很像，当然也有一些不同，比如体色，有的是黑的，有的是绿的，有的是红的；比如活动时间，有的是白天，有的是黑夜，等等。不过有一点是相同的，它们受到威胁时都会先盘起身体，鼓起颈部的皮肤，露出那副眼镜，再伺机发动进攻。

与眼镜蛇相比，另一位眼镜王蛇是个更厉害的角色。眼镜王蛇不是众多眼镜蛇当中最了不起的那个王，而是个子更大的另一种蛇，成体一般在3~5米，体重6千克左右。由于眼镜王蛇的栖息地也在热带地区，跟眼镜蛇、金环蛇、银环蛇、蟒蛇等都是邻居，因此，它干脆把这些不争气的同类当点心吃。

眼镜王蛇绝对是个装备先进的大师，别的毒蛇被它咬住后，如果跟它搏斗把它咬到了，它一点事没有，因为它自带抗毒血清。而对手要是被它咬到，就会毒发而亡。当然，如果对手是个无毒的蟒蛇时，它也会很有风度地藏起毒牙，只是咬定对手不松口，直到蟒蛇窒息。

响尾蛇

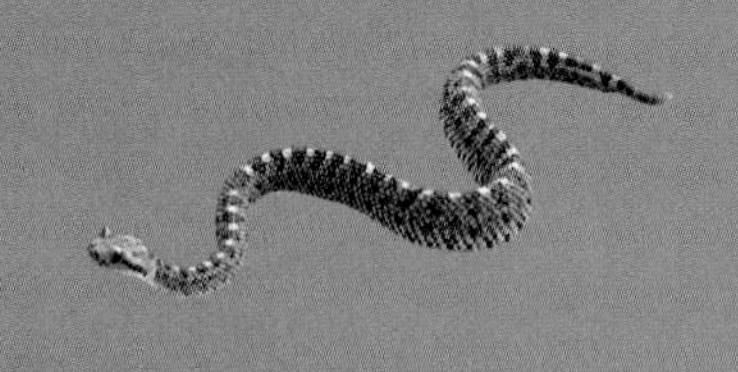

绰号：夜视眼

我的尾巴上有一串角质环，摇动的时候会发出"哗啦哗啦"的声音，有的人就说："响尾蛇是骗子，它发出小溪流水的声音，就是为了吸引小动物前来喝水，好被它抓住。"这话一传十，十传百，好多人都知道了。可是，我是冤枉的啊！我之所以要拼命地晃动那串角质环，是因为我遇到了厉害的对手。我只是想吓唬对方而已。

其实，我的食物大多是黑夜里出现的老鼠，所以我是一个夜行者。我吃老鼠，根本不用骗术，事实上老鼠那么聪明，凭我的智商又怎会是它的对手呢？

物种档案

响尾蛇是栖息在美洲的一类蛇，大概有30多种。它们赖以成名的特征是尾部那中空的响环。这是一串角质环，是响尾蛇每次蜕皮后遗留下来的一个环串联起来后组成的。所以，这串环越长，发出的声音越响，意味着主人的年纪越大。通常，响尾蛇摇动角质环如同拉响警报，它是在恫吓入侵者，要求对方退出。

中国虽然没有响尾蛇，但却有广泛分布的蝮蛇。在拥有“夜视眼”颊窝这件武器上，蝮蛇与响尾蛇是共同的，而且蝮蛇的主要食物也是老鼠。一般人在田埂地头行走或劳动，不慎被蛇咬到，罪魁祸首多半是蝮蛇。

你可能听到过蛇头咬伤人的新闻，就是说，一条蛇被斩断了蛇头后，有人拿起蛇头来看了一下，却被蛇头咬了一口。这是怎么回事呢？这是由于蛇的神经反射能力所致。这种能力在响尾蛇和蝮蛇身上尤为明显，原因就在于它们有探知热量变化的颊窝。据科学实验证实，在响尾蛇和蝮蛇死后1小时之内，它们的反射能力依然存在。这时候你去拿蛇头，很有可能被“死蛇”咬一口。

我是用身体上的特殊装备——夜视眼干倒它的。在我眼睛和鼻子之间，有一个颊窝，这个颊窝能感受千分之一摄氏度的温差。你想，一只热乎乎的老鼠在我不远处偷东西吃，我会不知道吗？

蝮蛇

湾鳄

绰号：食人鳄

我是臭名昭著的食人鳄，让我恶名远播的不是零敲碎打的偷袭，而是一次沼泽地里的围剿。那是1945年第二次世界大战期间，在缅甸的兰里岛，日军和盟军打了一场战役。日本一支数百人的部队在转移时，进入了红树林沼泽地，结果受到了饥肠辘辘的湾鳄的攻击，损失惨重。不过，我不太想张扬这件事，毕竟吃人是一个丑闻，而且这也是他们自己送上门来的。

在食物链中，我是顶端的王者，因为我的体长有3~6米，体重从几百千克到1000千克以上，仅凭我的个子，已经很难找到对手了，再配上我的铁齿钢牙，还有多少对手敢与我硬碰硬？所以，我主要是靠偷袭吃饭的。

物种档案

世界上一共有23种鳄鱼，湾鳄主要栖息在泰国等东南亚地区和澳大利亚等大洋洲地区；很多人在纪录片里看到的偷袭角马的马拉河鳄鱼，是非洲的大鳄尼罗鳄，身长也有3～6米，仅比湾鳄稍逊一点。不管是哪一种鳄鱼，至少从外形上来看，是极其凶恶的。那身或黑或褐的皮肤，仿佛一件来自远古的外衣；那张满是利齿的大嘴，仿佛一个来自中生代的肉食恐龙。只需望上一眼，简直就让人不寒而栗。

其实鳄鱼就是与恐龙同时代的生物，有着2亿年的悠久历史。当个性张扬的恐龙顶不住环境的巨大变化，纷纷绝尘而去的时候，鳄鱼却凭借它的毅力活了下来。今天，当我们得知鳄鱼在没有任何食物的旱季能够泰然自若地度过半年光景时，就可以明白为什么活下来的是它了。

湾鳄和尼罗鳄都是鳄鱼中的顶级捕食者，它们猎捕巨蜥、小鹿、羚羊等略小一些的对象，也攻击野猪、斑马、角马等大家伙，它们甚至能够一口咬断野牛的骨头，使对手毫无招架之力。

扬子鳄

绰号：老实头

我是鳄鱼，但我却不是你想象的那种鳄鱼。我是鳄鱼中的老实头。

我的家在长江流域。以前，长江叫做扬子江，所以，我的名字就叫扬子鳄。

我没有湾鳄和尼罗鳄那种凶神恶煞般的个头和身材，也没有它们的暴躁脾气。与它们相比，我绝对属于温文尔雅、娇小玲珑的模范。我在河岸的两边打洞，白天躲在洞中，到了晚上才出洞捕猎，鱼、蛙、水鸟、小型哺乳动物等我都能接受。为了保证安全，我还会准备好几个洞口，就像狡兔有三窟一样。瞧我的胆子有多小！

物种档案

在所有的鳄鱼中，扬子鳄属于体型较小的几个种之一，成体体长仅有1～2米，体重20～30千克。由于体形小、性格柔，扬子鳄一度被偷猎者相中，加上其生存环境不断被蚕食、周边食物频繁遭污染，使得这一中国特有的鳄鱼面临灭绝危险。

好在中国的政府部门及时采取了措施，在扬子鳄的老家安徽宣城打造了一个扬子鳄国家级自然保护区。经过数十年的繁育，目前，扬子鳄的数量已经有了质的飞跃。此外，上海崇明东滩从不同地区引入扬子鳄已经获得了成功，为扬子鳄回归野外打下了一个坚实的基础。

在爬行动物中，扬子鳄还是一个母性十足的代表。7月份，当雌鳄产卵后，它并不会像乌龟那样转身离去，任受精卵在砂土中孵化，并承受其他动物的挖掘，而是日夜守护在卵的边上，仅仅在需要进食时才会短暂离开。要知道，它们的卵需要经历2个月左右的孵化才能出壳呢。

不仅如此，当小鳄鱼最终从蛋壳中出来时，鳄鱼妈妈还会细心地帮它们爬出巢穴，并耐心地引导它们来到安全的水塘中。

因为栖息在人口密集的河岸两边，所以我的生存特别艰难。有人要吃我的肉，有人要扒我的皮，有人要占我的地，总之都要我的命。我现在已经不敢在野生环境下生活了。人，你为什么要这样对待我？

图书在版编目（CIP）数据
长腿模特：爬行国度大揭秘 / 岑建强编著. — 上海：上海科学普及出版社, 2017
（神奇生物世界丛书 / 杨雄里主编）
ISBN 978-7-5427-6947-3

Ⅰ. ①长… Ⅱ. ①岑… Ⅲ. ①树蛙科—普及读物Ⅳ. ①Q959.5-49

中国版本图书馆CIP数据核字（2017）第165826号

策　　划　蒋惠雍
责任编辑　柴日奕
整体设计　费　嘉　蒋祖冲

神奇生物世界丛书
长腿模特：爬行国度大揭秘
岑建强　编著
上海科学普及出版社出版发行
（上海中山北路832号　邮政编码 200070）
http：//www.pspsh.com

各地新华书店经销　上海丽佳制版印刷有限公司印刷
开本 787×1092　1/16　印张 3　字数 30 000
2017年7月第1版　2017年7月第1次印刷

ISBN 978-7-5427-6947-3
定价：42.00元
本书如有缺页、错装或损坏等严重质量问题
请向出版社联系调换
联系电话：021-66613542